Bibliografische Information der Deutschen Nationalbibliothek:

Die Deutsche Bibliothek verzeichnet diese Publikation in der Deutschen National-
bibliografie; detaillierte bibliografische Daten sind im Internet über http://dnb.d-
nb.de/ abrufbar.

Impressum:

Copyright © 2010 GRIN Verlag, Open Publishing GmbH
Druck und Bindung: Books on Demand GmbH, Norderstedt Germany
ISBN: 9783640625260

Dieses Buch bei GRIN:

http://www.grin.com/de/e-book/151187/wissensbasierte-regionalentwicklung-das-
konzept-der-lernenden-region

Felix Hacker

Wissensbasierte Regionalentwicklung - Das Konzept der "Lernenden Region"

GRIN Verlag

Belegarbeit

Wissensbasierte Regionalentwicklung III

Konzept der „Lernenden Region"

Name: Felix Hacker

Studiengang: LAG Bio /Geo /Astro

Semesterzahl: 9

Oberseminar Wirtschaftsgeographie – Regionalökonomik

Semester: WS 2009/2010

Datum: 16.01.2010

Inhaltsverzeichnis

Tabellen und Abbildungsverzeichnis

1. Einleitung

Das Konzept der Lernenden Region als Ansatz wissensbasierter Regionalentwicklung scheint ein vielversprechender Ansatz neuerer Zeit zu sein um auf regionaler Ebene Impulse für wirtschaftliches Wachstum setzen zu können. Die Popularität solcher Ansätze und Theorien scheinen dabei einer Fluktuation zu unterliegen und werden zu unterschiedlichen Zeitpunkten mehr oder minder heiß diskutiert. Mitte der 1990er Jahre war für die Regionalentwicklung unter anderem der Ansatz der Lernenden Region ein viel besprochenes Konzept. Um dieses Konzept besser einordnen zu können, sollen in dieser Arbeit wesentliche Punkte des Konzeptes vorgestellt und kritisch betrachtet werden. Dazu wird im Kapitel zwei der Wandel wirtschaftlicher Aktivitäten sowie verbundenen Änderungen der Anforderungen an Unternehmen erläutert. Anschließend befasst sich das Kapitel drei intensiver mit dem Konzept der Lernenden Region. Auf Grundlage der im Kapitel drei erläuterten Merkmalen und Definitionen werden im Kapitel vier zwei Fallbeispielen vorgestellt und anschließend der Spannungsbogen des theoretischen Ansatzes in der Praxis überprüft und hinsichtlich der Umsetzbarkeit betrachtet. Ziel dieser Arbeit soll es sein, die Lernende Region charakteristisch vorzustellen. Zum Ende der Untersuchung wird sich zeigen in wie weit es *Die Lernende Region* gibt und wo Mängel bestehen.

2. Paradigmenwechsel und die Notwendigkeit neuer Ansätze

Die wirtschaftliche Tätigkeit des Menschen setzte bereits vor Jahrtausenden ein. Während dieser Zeit gab es immer wieder Umbrüche und Neuerungen, die die wirtschaftliche Tätigkeit des Menschen beeinflusst und verändert haben. Insgesamt ist zu erkennen, dass der Umfang wirtschaftlichen Handelns immer mehr zunimmt[1]. Sowohl Reichweite, Volumen und als auch die Geschwindigkeit wirtschaftlicher Aktivitäten stiegen in den letzten Jahrhunderten und Jahrzenten permanent an. Die Wirtschaft agiert heutzutage weitestgehend global; und Akteure stehen in vielfältigen Beziehungen und Abhängigkeiten zueinander. Wie weit diese Verflechtungen reichen verdeutlicht die Wirtschafts- und Finanzkrise beginnend im Jahr 2008. Der im Prozess der Globalisierung stattfindende Wettbewerb auf internationalen Märkten fordert von den beteiligten Akteuren einer postindustriellen Gesellschaft eine veränderte Wettbewerbsfähigkeit, hin zu mehr Innovationsfähigkeit, Flexibilität und Qualität.

---

[1] Vgl. BUNDESZENTRALE FÜR POLITISCHE BILDUNG[Hrsg.](2002) S. 221 Abbildung 1 vgl. dazu auch Statistisches Bundesamt - globaler Containerumschlag im Seeverkehr

Innerhalb des 20. Jahrhunderts konnte die wirtschaftliche Leistungsfähigkeit vor allem durch Einführung der Großserienfertigung, wie sie Henry Ford betrieb, aufrechtgehalten werden. Der Industriesektor stellte zu dieser Zeit den überwiegenden Beschäftigungsanteil.

Mit dem wirtschaftlichen Strukturwandel in der letzten Hälfte des vorherigen Jahrhunderts setzte ein Prozess ein, in dem der Dienstleistungssektor stark an Bedeutung gewann. Aber auch die Großserienfertigung des verarbeitenden Gewerbes veränderte sich hin zu einer flexibleren Produktionsweise, eingeleitet durch eine zunehmende Kundensouveränität, einen globalisierten Standpunkt der Kunden, einer breiteren Produktpalette und sich schnell ändernden Kundenwünschen[2]. Wo zu Beginn des 20. Jahrhundert vor allem Stückkostenersparnisse, sogenannte economies of scale, größeren Gewinn für das Unternehmen versprach, sind es jetzt vor allem effizientere Produktionsorganisationen, mit einhergehenden economies of scope, die sich einer schnell ändernden Nachfrage anpassen können. Diese Anpassung wird durch leistungsstarke Dienstleistungen der Entwicklungs- und Managementabteilungen realisiert, die entweder dem Betrieb angehören - interne Dienstleistungen - oder externen Ursprungs sind, z.B. Forschungseinrichtungen, Beratungsunternehmen, Marketingagenturen.

Damit wird deutlich, dass aufgrund (1) technischer Möglichkeiten, welche hochtechnologische Lösungen und flexible Produktionsprozesse beinhalten, und (2) veränderter Nachfragebedingungen am Markt, gekennzeichnet durch das gesteigerte Wohlstandsniveau, Konsumorientierung und Schnelllebigkeit, die Wirtschaftszweige des verarbeitenden Gewerbes nur durch intensive Forschungs- und Entwicklungsleistung, Marketing und Finanzierungslösungen[3] am Weltmarkt bestehen können. Mit steigenden Forschungs- und Entwicklungsaktivitäten, die Unternehmen in ein Produkt investieren, gewinnt der Faktor Wissen und damit das Humankapital, im Sinne eines Produktionsfaktors, zunehmend an Bedeutung. Nach den klassischen Wirtschaftstheorien zeichnen sich die Produktionsfaktoren Arbeit und Kapital durch eine hohe Mobilität aus. Der vorher genannte Fakor Wissen in Form des Humankapitals entspricht nach klassischer Ansicht dem Produktionsfaktor Arbeit und wäre demnach hoch mobil. Dem entgegen steht die Ansicht, dass Faktor Wissen durch seine enge Bindung an Personen, hervorgerufen durch Ausbildung und Erfahrungen etc., begrenzt mobil sei[4]. So erklärt SCHÄTZL „[das] Wissen[...] zur entscheidenden Ressource für eine nachhaltige wirtschaftliche Entwicklung"[5]. Bestimmend

---

[2] Vgl. SCHÄTZL(2003) S.225 vgl. auch SCHREIBER, R.; STAHL, T. (2003) S. 12
[3] Vgl. SCHÄTZL(2003) S.225
[4] Vgl. KOSCHATZKY (2001) S. 208 f.
[5] SCHÄTZL (2003) S.226

sei hierbei das Augenmerk auf die nachhaltige Entwicklung zu lenken, die dazu beiträgt, dass einmal erworbenes Wissen und die Fähigkeit Innovationen auf den Markt zu bringen durch geeignete Organisation und Strukturen dazu benutzt wird, weitere Innovationen zu schaffen.[6]

Die obigen Ausführungen haben veranschaulicht, dass die Anforderungen an Unternehmen in den letzten Jahren und Jahrzehnten deutliche Veränderungen zeigten. Daraus resultierten auch Probleme auf dem Arbeitsmarkt. Denn wenn sich einerseits die Anforderungen aber nicht die Unternehmen ändern, ist die Wettbewerbsfähigkeit und somit das Unternehmen selbst bedroht. Andererseits zieht die auf Angepasstheit orientierte Modernisierung von Unternehmen oft einen Verlust von Arbeitsplätzen mit sich. So schreiben SCHREIBER/STAHL, „[...] dass *Arbeitslosigkeit* heute und in Zukunft als Nebenprodukt der ökonomischen Effizienzsteigerung aufzufassen ist.[7;8] Dieser Effekt ist letztlich nur durch ein stetiges Wirtschaftswachstum, verbunden mit der Beschäftigung neuer Arbeitskräfte, zu kompensieren.[9] Dabei ist die stetige Aufrechterhaltung der *Wettbewerbsfähigkeit* ein zentraler Punkt. Diese kann nur durch *Innovationsfähigkeit* erreicht werden. *Innovation* heißt „mit neuen Ideen schnell und flexibel auf sich ständig wechselnde Marktbedingungen einzustellen und zusammen mit den existierenden Systemelementen neue Produktlösungen zu konkurrenzfähigen Preisen zu finden".[10] Der Begriff der Innovation umfasst dabei nicht nur Produktinnovationen, sondern ebenso Prozessinnovationen und neue Strukturen der Organisation innerhalb des Unternehmens. Alte Innovationsmodelle[11] und Organisationsformen scheinen nicht durch einen beliebigen finanziellen Input entsprechende Innovationen zu generieren[12]. So dass es an dieser Stelle notwendig erscheint, die Innovationsfähigkeit durch Betrachtung zusätzlicher Parameter zu verbessern. Anscheinend spielt dabei das Umfeld, die räumliche Nähe zu anderen Akteuren, eine entscheidende Rolle[13]. Unternehmen und Regionen sind deshalb angehalten, auf neue Ansätze der Regionalentwicklung zurückzugreifen, um den oben beschriebenen Problemen entgegen zu wirken.

---

[6] Vgl. SCHREIBER, R.; STAHL, T. (2003) S.28

[7] SCHREIBER, R.; STAHL, T. (2003) S.19 vgl. auch FRIEDRICHSDORFER BÜRO FÜR BILDUNGSPLANUNG[HRSG](1994) S. 24

[8] Arbeitslosenquote 2009 der EU27 bei 9,2% mit Schwankungen von 3% bis 18,1% vgl. Eurostat

[9] Vgl. SCHREIBER, R.; STAHL, T. (2003) S.19

[10] Vgl. SCHREIBER, R.; STAHL, T. (2003) S.14

[11] Lineare Innovationsmodelle

[12] als Hinweis zum Grenzertrag und damit höchster Effizienz von FuE kann der Forschungsmultiplikator, wie ihn das Österreichische Institut für Gewerbe und Handelsforschung (IfGH) verwendet, dienen. Siehe dazu http://www.fteval.at/files/evstudien/FFG_Projekteval2002-2005.pdf S. 19 Anhang

[13] vgl. SCHÄTZL (2003) S.229

Dahingehend befassen sich **neuere Ansätze** mit der Beschreibung aktueller raumwirtschaftlicher Prozesse, die mit Hilfe von Modellen und Konzepten Impulse setzen und Handlungsorientierungen für Unternehmen und politische Akteure bereit stellen.[14] Der Ansatz der „Lernenden Region" stellt dabei Lernprozesse als Grundlage einer wissensbasierten Entwicklung in den Mittelpunkt und wird damit den Anforderungen einer Wissensgesellschaft gerechter[15]. Ausgehend davon soll aber nicht nur der einzelne Akteur in Lernprozesse involviert sein, sondern es soll „[...] das Potenzial aller regionalen Akteure [so gebündelt werden], dass eine umfassende Regionalentwicklung als selbstorganisierter, selbstverantwortlicher und hinsichtlich seiner Effekte systematisch rückgekoppelter, selbstreflexiver Entwicklungsprozess initiiert, stabilisiert und institutionalisiert wird."[16] Beständige Kommunikation und der Dialog sichern und generieren hierbei Wissen und dessen Weitergabe zwischen den Unternehmen und innerhalb der Region. Ziel ist es, die begrenzte Mobilität[17] des Faktors Wissen durch den direkten Kontakt der Unternehmen in die Lernprozesse zu integrieren, um die Entwicklung aller Akteure zu gewährleisten und einen kumulativen Prozess der Erweiterung der Wissensbasis zu etablieren.

Hier zeigen sich Parallelen zu anderen Konzepten der dynamisch evolutionären Ansätze. Diese gehen von örtlich begrenzten und impulsgebenden Kontakten aus, welche als „Face to Face" Kontakte und „industrial atmosphere" bezeichnet werden oder den Dialog mit regionalen Hochschulen als wichtige Wissensquelle und als Ausgang für Lernprozesse sehen.[18] Die Konzentration auf die Potenziale der Akteure ist dabei ein zentraler Bestandteil. Der Zusammenhalt und die Kooperation soll über die Identifikation mit der Region und über Vertrauen zwischen den Akteuren realisiert werden. Etwa 99,8% aller Unternehmen in Europa sind Klein- und mittelständische Unternehmen (KMU)[19] und sie beschäftigen ca. 74 % aller Erwerbstätigen[20]. Bei der Betrachtung der Ausgaben für Forschung und Entwicklung fällt auf, dass, ausgehend von Unternehmen mit über 1000 Beschäftigten bis hin zu Kleinunternehmen mit weniger als 20 Beschäftigten, eine deutliche Abnahme der Gesamt- als

---

[14] Vgl. SCHREIBER, R.; STAHL, T. (2003) S.89

[15] Vgl. SCHÄTZL (2003) S. 202

[16] Vgl. ebenda. (2003) S.27

[17] Gemeint ist hier nicht kodifiziertes Wissen, welches auf Kompetenzen, Fähigkeiten, Erfahrungen und Ideen von Individuen beruht (tacit knowledge) und somit örtlich gebunden und nur begrenzt mobil ist. Die Kompetenzen, Fähigkeiten usw. sind, im Gegenteil zum kodifizierten Wissen, weltweit nicht über Datenbanken abrufbar. Vgl. KOSCHATZKY, K (2001) S. 209

[18] Vgl. dazu SCHÄTZL (2003) Kap. 2.4.3 S.223 ff

[19] Kleinst- und mittelständische Unternehmen bis 249 Mitarbeitern oder max. Jahresumsatz von 50 Mio. € bezogen EU 27 2005

[20] Vgl. SCHREIBER, R.; STAHL, T. (2003) S.101 vgl. auch Schlüsselzahlen IfM – Institut für Mittelstandsforschung Bonn http://www.ifm-bonn.org

auch der Relativaufwendungen zu verzeichnen ist[21]. Auch die absolute Anzahl der Beschäftigten in FuE - Abteilungen nimmt mit sinkender Beschäftigtenzahl der Unternehmen ab[22]. So weisen „ [KMU] generell eine deutlich geringere Beteiligung an Innovationsaktivitäten[23] auf als große Unternehmen".[24] Auch wenn Großunternehmen einen wesentlich größeren Anteil an FuE-Tätigkeiten besitzen, so führt die sehr hohe Anzahl an KMU dazu, dass es von Vorteil wäre, komplementäre Potenziale ihrer Innovationkräfte zu bündeln und entsprechend voneinander zu lernen. Damit wären auch die KMU der Konkurrenz auf dem globalen Markt gewachsen und könnten zudem als Promotor den Markt betreten.[25] Nur durch einen Paradigmenwechsel in der Unternehmensorganisation und den Unternehmensprozessen ist es möglich, eine langfristige Entwicklungsperspektive für solche Unternehmen zu schaffen. Ziel der Gedanken soll es sein, eine wettbewerbsfähige, innovative, flexible und vor allem selbstständige Region zu etablieren, die den dort lebenden Menschen Perspektiven schafft. Das Konzept der Lernenden Region wird dazu im nächsten Kapitel näher betrachtet.

3. Das Konzept der „Lernenden Region"

3.1 Theoretische Einordnung

Die Einordung des Konzeptes LERNENDE REGION in die Wirtschaftsgeographie erfordert einen theoretischen Ansatzpunkt, der in der New Economic Geography zu suchen ist. Der Ansatz der „neuen Wirtschaftsgeographie" ist verhältnismäßig jung und wurde in den 1980er Jahren erstmals von Autoren wie Romer, Williamson, Krugman, Nelson und Winter aufgegriffen[26]. Zu der neuen Wirtschaftsgeographie gehören die Ansätze der Geographical Economies, vertreten durch Krugman[27], die Ansätze der neuen Wachstumstheorien und neuen Außenhandelstheorien, vertreten durch Romer und Rivera Batiz[28] sowie die Ansätze aus interdisziplinären Fachbereichen der Sozialwissenschaften, vertreten durch Granovetter[29]. Die letzten Jahrzehnte der Wirtschaftsgeographie sind demnach durch vielfältige inter- und transdisziplinäre Einflüsse gekennzeichnet. Großen Stellenwert haben dabei die

---

[21] Vgl. STIFTERVERBAND FÜR DIE DEUTSCHE WIRTSCHAFT[Hrsg.](2007) Tab 8. S. 29; Tab 13 S. 35f

[22] Vgl. INSTITUT FÜR MITTELSTANDSFORSCHUNG BONN[Hrsg.](2007) S. 4

[23] Innovationsaktivitäten als Indikator der Innovationskraft lässt Rückschlüsse auf FuE Tätigkeit zu

[24] KFW BANKENGRUPPE[Hrsg.](2009) S.109

[25] Vgl. SCHREIBER, R.; STAHL, T. (2003) S.14

[26] Vgl. SCHAMP, E. (2007) S.246

[27] Vgl. KULKE, E. (2004) S. 16

[28] Vgl. SCHÄTZL, L. (2003) S.205

[29] Vgl. SCHAMP, E. (2007) S.244

Sozialwissenschaften, die mit der Netzwerktheorie und dem Konzept der embeddedness (sozial eingebettet sein) starken Einfluss auf wirtschaftsgeographische Betrachtungen ausüben. Daraus entwickelten sich die Ansätze der New Economic Geography , die nunmehr hinterfragen, wie Unternehmen, Institutionen und allgemein Akteure ihr Umfeld so gestalten, dass sozioökonomischen Wachstum generiert werden kann. Wichtige Standpunkte sind dabei die Endogenisierung von Wachstumsfaktoren wie Wissen, technischer Fortschritt, Innovationen und positive externe Effekte bedingt durch Lernprozesse. Damit stellt die New Economic Geography eine Gegenposition zu den bestehenden wirtschaftsgeographischen Theorien dar.[30] Mit bestehenden Theorien sind dabei die Konzepte des raumwirtschaftlichen-, des verhaltenswissenschaftlichen-, des funktionalen- und des Wohlfahrtsansatzes gemeint.[31] Die neue Wirtschaftsgeographie verlässt die neoklassischen Modelle, mit ihren statischen Gleichgewichtsannahmen, und erklärt Wachstumsunterschiede über Agglomerationen, durch mobile Produktionsfaktoren, durch kumulative Prozesse, durch unvollkommene Märkte sowie durch endogene Entwicklungen. Damit gelingt es ihr, ihren Erklärungsansatz realeren Bedingungen anzupassen.[32] Da das Konzept der „Lernenden Region" vor allem auf intraregionale Strukturen und Prozesse Bezug nimmt, wird es innerhalb der „New Economic Geography" den dynamisch evolutionären Konzepten zugeordnet, wie es Tabelle1 zu entnehmen ist.

Tabelle 1: Forschungsansätze der Wirtschaftsgeographie[33]

<table>
<tr>
<th colspan="5">Wirtschaftsgeographie ab 1960</th>
<th colspan="3">Neue Wirtschaftsgeographie ab 1980</th>
</tr>
<tr>
<td colspan="3">Raumwirtschaftlicher Ansatz

Raumwirtschafts-</td>
<td rowspan="2">Verhaltens-
wissen-
schaftlicher
Ansatz</td>
<td rowspan="2">Funktio-
naler
Ansatz</td>
<td>Geographical Economies nach Krugmann</td>
<td>Neue Wachstumstheorie und Außenhandelstheorie</td>
<td>Sozialwissen schaften</td>
</tr>
<tr>
<td>Wohl-
fahrts-
Ansatz</td>
<td colspan="3" align="center">New Economic Geography</td>
</tr>
<tr>
<td>theorie</td>
<td>emperie</td>
<td>politik</td>
<td></td>
<td></td>
<td align="center">Dynamisch evolutionäre Ansätze</td>
<td colspan="2" align="center">Dynamisch zyklische Ansätze</td>
</tr>
<tr>
<td></td>
<td></td>
<td></td>
<td></td>
<td></td>
<td>Konzepte der langfristigen industriellen Wachstumspfade

Konzepte der Industriedistrikte

Konzepte der innovativen, regionalen Milieus und Netzwerke

Konzept der Lernenden Region

Konzept der regionalen Kompetenzzentren</td>
<td colspan="2">Produktionszyklus Hypothese und Raumentwicklung

Theorie der langen Wellen und Raumentwicklung</td>
</tr>
</table>

---

[30] Vgl. KULKE, E. (2004) S. 16
[31] Vgl. KULKE, E.(2004) S. 15
[32] Vgl. SCHÄTZL (2003) S.202
[33] Eigene Darstellung nach BATHELT/GLÜCKLER (2002) S. 27 ff; KULKE (2004)S. 14 ff; SCHAMP(2007) S.238 ff; SCHÄTZL(2003) S.201 ff

Sie gehört damit zu einer Reihe von Regionalentwicklungskonzepten, welche zu erklären versuchen, wie eine Region Kreativität, Innovationen und Eigendynamik, unter der Berücksichtigung der Verschiebung von Massenproduktion hin zu einer flexibleren Produktionsweise und zur Wissensgesellschaft , erzeugen kann[34]. Alle Konzepte, die unter dem dynamisch evolutionären Ansatz gebündelt werden können, haben gemein, dass sie regionalspezifische Erklärungsansätze für Wachstumsdivergenzen - oder - konvergenzen liefern können und dabei auch Faktoren, wie gesellschaftliche Rahmenbedingungen, Einbindung der Akteure in das Umfeld usw., berücksichtigen, die in früheren Entwicklungstheorien fehlten. Um eine möglichst genaue Abgrenzung von den anderen Konzepten nachvollziehen zu können, soll im nächsten Kapitel die „Lernende Region" definiert werden . Auch wenn eine weitere Unterscheidung in wissensbasierende oder netzwerk-millieubasierende Entwicklungskonzepte vorgenommen werden kann, so sei auf die Schwierigkeit einer klaren Abgrenzung hingewiesen. [35]

3.2 Definition

In den bisherigen Ausführungen ist der Ansatz der Lernenden Region als auch deren Einordnung in die Wirtschaftsgeographie beschrieben worden. Um im weiteren Verlauf der Untersuchung eine einheitliche Diskussionsgrundlage schaffen zu können, werden verschiedene Definition vorgestellt und miteinander verglichen.

- KOSCHATZKY definiert die Lernende Region „[...] als Raumeinheiten [...], in denen Wissen örtlich gebunden ist und in denen aus der räumlichen Wissensbindung kontinuierliche Lernprozesse zwischen den regionalen Akteuren entstehen, die die regionale Wissensbasis erhöhen" [36]
- Die Lernende Region als räumliche Einheit, in der Beziehungen zwischen Akteuren zum Zwecke des Wissens- und Kompetenzerwerbs in der Region stattfinden. Kontinuierliche Kommunikation verbunden mit Wissenstransferleistungen sichern dabei die Entwicklungs- und Handlungsfähigkeit der Akteure in der Region. Insgesamt trägt der Prozess des gegenseitigen Lernens zur Stärkung des Zusammenhalts und einer grundlegenden Änderung im normativen Umgang bei.[37]

---

[34] Vgl. SCHÄTZL, L. (2003) S.223
[35] KOSCHATZKY, K. (2001) S. 174
[36] KOSCHATZKY, K. (2001) S. 209
[37] Vgl. SCHEFF, J. (1999) S. 23

- Lernende Region : „Das innovative Potenzial einer Region kann so wahrgenommen und befördert werden, dass durch Koordination auf allen Handlungsebenen und Vernetzung der Aktivitäten unterschiedlichster Akteure (...) trotz unterschiedlichster Interessen, Problemlagen und Zielsetzung Lösungen gefunden werden, die mehr bieten als die Summe aller traditionsgemäßen Einzelaktivitäten"[38]

Alle drei Definitionen verweisen auf Lernprozesse zwischen verschiedenen Akteuren in einem nicht klar definierten Raum. Allerdings unterscheiden sich alle Definitionen im Ergebnis und in den Mitteln, die sie gebrauchen. So entsteht laut KOSCHATZKY durch eine einfache räumliche Wissensbindung ein regionaler Wissenszuwachs. Die räumliche Konzentration des Wissens ist eine wichtige Grundlage, aus der sich allerdings nicht direkt Lernprozesse zwischen den Akteuren erschließen. Dieser Kausalkette fehlt ein gemeinsames Ziel, wie es in der zweiten Definition von SCHEFF formuliert wurde: „[...]zum Zwecke des Wissens und Kompetenzerwerbs[...]"[39]. Weiterhin ist der von ihm beschriebene Effekt nicht nur ein Wissenszuwachs, sondern eine Erweiterung um die Sicherung der Entwicklung und Handlungsfähigkeit der Akteure. SCHEFF sieht dabei den Lernprozess nicht nur durch die passive räumliche Nähe gegeben, sondern beschreibt diesen als einen aktiven Vorgang der Kommunikation und Wissenstransferleistungen. In der Definition von SCHREIBER/STAHL werden erstmals innovative Potenziale miteinbezogen, die durch Koordination und Vernetzung, zusammengeführt werden, um Problemstellungen der Akteure besser zu lösen als es dem Einzelnen möglich wäre.

Es zeigt sich, dass alle Aspekte der gezeigten Definitionen durchaus relevant sind. Alle Autoren weisen in die selbe Richtung und ergänzen sich definitorisch. An dieser Stelle erfolgt deshalb ein zusammenfassender Definitionsvorschlag.

Die Lernende Region ist eine Raumeinheit, in der Wissen örtlich gebunden ist, und dieses zum Zwecke des Wissen- und des Kompetenzerwerbs durch Kommunikation, Wissenstransferleistungen und Koordination in Lernprozessen dazu genutzt wird, die Entwicklungs-, Innovations- und Handlungsfähigkeit aller Akteure über ihre eigenständigen Möglichkeiten hinweg zu sichern.

Es wird in allen Definitionen vom Raum oder der Region gesprochen, jedoch sind diese Begriffe bisher noch nicht näher erläutert wurden. Nach KOSCHATZKY wird die Region „[...]als ökonomischer und politischer Handlungsrahmen verstanden, der sich durch

---

[38] SCHREIBER, R.; STAHL, T. (2003) S. 29
[39] SCHEFF, J. (1999) S.23

gemeinsame normative Interessen, ökonomische Spezifität und administrative Homogenität auszeichnet."[40] Er zeigt damit, dass die Region keine klar definierbaren Grenzen aufweist, und geht konform mit anderen Autoren, die die Region als das verstehen, was sich darunter definiert.[41] Jene Autoren sprechen damit Punkte gemeinsamer Interessen, gemeinsamer Kultur, Lernbereitschaft und Konsensfähigkeit der Akteure an. Die Region orientiert sich daher weniger an geographischen oder administrativen Grenzen, sondern bildet sich viel mehr aus einer sozio-ökonomischen Zugehörigkeit. Genauer betrachtet setzt sich die Region damit aus drei Elementen zusammen:

> (1) verwaltungstechnische und/oder politische Rahmenbedingungen,
>
> (2) ökonomische Beziehungen zwischen den Akteuren
>
> (3) regionale Selbstzuschreibung der Akteure[42].

Bezogen auf die Größenordnung der Region sprechen verschiedene Autoren von einer Raumeinheit unter der Nationalebene aber oberhalb der Kommune.[43] Die Region kann damit als kommunenübergreifendes System verstanden werden und bewegt sich im Regelfall auf der Ebene eines subnationalen Territoriums. Wie im Falle der „Lernenden Region Pontes"[44], ist es dennoch nicht ausgeschlossen, dass die Lernende Region eine transnationale Dimension annimmt und drei subnationale Territorien zusammenfasst.

3.3 Ziele

Aus den bereits beschriebenen Problemen im Kapitel zwei, die auf Arbeitslosigkeit, Inflexibilität oder Innovationsdefizite hinwiesen, müssen Ansätze der Regionalentwicklung in erster Linie auf den Erhalt und die Schaffung von Arbeitsplätzen sowie die Stärkung der Wettbewerbsfähigkeit der Region hinsteuern. Die „Fähigkeit zur Mobilisierung von Wissen und neuen Ideen"[45] stellt dabei die innovative Zielsetzung dar, um die eben genannten übergeordneten Ziele regionaler Entwicklungskonzepte zu erfüllen. Um diese zu erreichen, sind viele Einzelmaßnahmen und untergeordnete Ziele aufzugreifen, die in den folgenden Ausführungen näher erläutert werden.

---

[40] KOSCHATZKY, K. (2001) S.176, zitiert nach OHMAE, K. (1993) S.78

[41] Vgl. SCHEFF, J. (1999) S.18 f. vgl. auch SCHREIBER, R.; STAHL, T. (2002) S. 81

[42] Vgl. SCHREIBER, R.; STAHL, T. (2002) S. 82 f.

[43] Vgl. KOSCHATZKY, K. (2001) S. 177 vgl. auch SCHEFF, J. (1999) S. 17

[44] Vgl. CONTZEN, B; GNAHS,D.; TÖNNISSEN,F (2004) S.34

[45] KOSCHATZKY, K. (2001) S. 210, zitiert nach Lawson (1997) S. 15

Tabelle 2: Primärziele der Lernenden Region

- **Regionalentwicklung**
    - → **Erhalt und Schaffung von Arbeitsplätzen**
    - → **Stärkung der nachhaltigen Wettbewerbsfähigkeit der Region → Innovation**
        - →**Fähigkeit zur Mobilisierung von Wissen und Ideen**

Entscheidend bei der Lernenden Region ist die Prämisse, dass nicht nur ökonomische Teilziele sondern auch soziale und politikorientierte Ziele, z.B. Arbeitsmarktpolitik, verfolgt werden sollten. „Ausgehend von der übergreifenden Zielsetzung, eine nachhaltige sozioökonomische Entwicklung der Region zu fördern, [...]"[46] beschreiben die Autoren, dass aufgrund verschiedener Akteure und Gruppen ganz unterschiedliche Ziele auf den Ebenen der Ökonomie, des sozialen, des politischen oder des privaten Interesses aufgegriffen werden[47]. Diese Verschiedenartigkeit der Ziele sieht die Lernende Region, unter Berücksichtigung der Primärziele, als Potenzial und kreativen Input an Ideen um die gesamte Region zu stärken und damit Arbeitsplätze zu sichern. Die folgenden Ziele sind gleichzeitig auch als Prinzipien anzusehen, also als jene die permanent verfolgt werden müssen, um die sozioökonomische Entwicklung voranzutreiben. Gleichsam stellen sie auch nur eine kleine, den Charakter der Lernenden Region aber gut repräsentierende Auswahl dar. Folgende Tabelle gibt dazu einen kurzen Überblick, welche Ziele und Prinzipien mit dem Konzept der „Lernenden Region" in Zusammenhang zu bringen sind.

Tabelle 3: Auswahl von Zielen und Prinzipien der Lernenden Region[48]

- **Eigeninitiative und Selbstorganisation der beteiligten Akteure → Bottom up Prinzip**
- **Partnerschaftlicher Umgang und Direktkommunikation → Face to Face Kontakte**
- **Schaffung von Lernnetzwerken → Integration von Bildungsträgern**
- **Herstellen von Flexibilität in Organisation und Strukturen**
- **Mobilisierung der KMU als Potential der wirtschaftlichen Entwicklung**
- **Integrative Vernetzung regionaler Stärken**

Die Lernende Region stellt ein Entwicklungskonzept von den ihr endogenen Potenzialen dar und ist damit auf die Eigeninitiative und Selbstorganisation der Akteure angewiesen. Dadurch, dass die Region aus ihren eigenen Ideen Entwicklungsoptionen schöpft, scheint das

---

[46] SCHREIBER, R.; STAHL, T. (2002) S. 78
[47] Siehe dazu: Definition der Lernenden Region nach Schreiber/Stahl
[48] Vgl. SCHEFF, J. (1999) S. 48 f. vgl. auch Schreiber, R.; Stahl, T.(2002) S 84

Entwicklungskonzept der Lernenden Region durch intrinsische Motivation auf einer soliden Basis verankert zu sein. Damit können zur Initiierung einer Lernenden Region besser Impulse gesetzt werden, als dies von höherer politischer Ebene realisierbar wäre.[49]

Der direkte Kontakt zwischen den Akteuren ist grundlegendes Ziel und Prinzip der Lernenden Region, weil er erstens Vertrauen schafft und Unsicherheiten beseitigt, zweitens das Wissen (tacit knowlegde) in der Region weiterreicht und mit anderen Ideen in anderen Köpfen verbunden werden kann. Damit einher geht der partnerschaftliche Umgang in horizontalen Netzwerken. Hier wird auf Augenhöhe und ohne organisationshierarchische Barrieren miteinander kommuniziert und Ideen ausgetauscht. Aus diesem Grund muss es ein Ziel der Lernenden Region sein, die beteiligten Akteure in direkten Kontakt zu bringen und Organisationsstrukturen zu etablieren, die dem nicht im Wege stehen.

Um den Begriff der Lernenden Region mit Leben zu füllen, ist die Einbeziehung von Bildungsträgern, die in der Lage sind, Wissen bereit zu stellen und *Lernprozesse* zu begleiten, von entscheidender Bedeutung. Dazu zählen Einrichtungen, die Wissen generieren und dieses in gegenseitigen Kooperationsnetzen austauschen. Angesprochen sind damit Schulen, Hochschulen und außeruniversitäre Forschungseinrichtungen sowie unterstützende Einrichtungen zu denen Kammern, Verbände, Transfer-, Beratungs- und Innovationszentren gehören.[50] Indem es sich die Lernende Region zum Ziel macht, solche Bildungsträger und Institutionen der technologischen Infrastruktur aktiv zu integrieren, gelingt es drei wesentliche Funktionen sicherzustellen. Erstens, dass Management und die Weiterentwicklung der allgemeinen Wissensbasis, zweitens, die Ausweitung der wissensbasierten Interaktionen zwischen Unternehmen, und drittens, die Bereitstellung von Expertenwissen.[51]

Auf eine weitere Funktion weißt KOCH hin, der die Bildungsträger als wichtiges Instrument für die Integration von Langzeitarbeitslosen in den ersten Arbeitsmarkt sieht.[52] Dies trägt damit zur Bekämpfung der Arbeitslosigkeit, mithin der Langzeitarbeitslosigkeit bei. Die Bereitstellung von qualifiziertem Personal als Grundstock wissensbasierter Produktionsweisen stellt an das Bildungs- und Qualifizierungssystem große Herausforderungen und hebt damit den Stellenwert dieser im System der Lernenden Region hervor. Eine Region muss in diesem Zusammenhang auch in der Lage sein fähige Köpfe anzuwerben und für den Verbleib ausgebildeter Menschen zu sorgen. Besonders die beruflichen Weiterbildungsmaßnahmen scheinen sich aufgrund der geringen

---

[49] Vgl. SCHEFF, J. (1999) S. 79
[50] Vgl. KOSCHATZKY, K. (2001) S. 214
[51] Vgl. KOSCHATZKY, K. (2001) 214 f.
[52] FRIEDRICHSDORFER BÜRO FÜR BILDUNGSPLANUNG[Hrsg](1994) S.99 ff.

Reglementierung besonders flexibel gestalten zu lassen und sind damit wichtiges Instrument innerhalb der Lernenden Region.[53]

Wie bereits eingangs erwähnt, hat sich das Produktionssystem der Volkswirtschaft im Schwerpunkt auf die flexible Produktion, unter anderem durch Kostenvorteile („economies of scope"), verschoben. Das bedeutet, dass zum einen die Unternehmen heute in der Lage sein müssen diversifizierte Kleinserien durch flexible Produktionsstrukturen herstellen zu können, neue Organisationsformen suchen müssen, um Innovationseffekte generieren zu können, und andererseits Flexibilität in der Vernetzung und Kommunikation zwischen den Akteuren zulassen. Die Lernende Region ist kein starres Gebilde sondern viel mehr auf dynamischen Austauschbeziehungen aufgebaut. Kooperationsbeziehungen können sich aufgrund veränderter Produkte, Produktionsverfahren oder Dienstleistungsangeboten zu unterschiedlichen Zeitpunkten unterschiedlich gestalten[54]. Ziel der Lernenden Region muss es deshalb sein, flexible Strukturen zu initiieren und stark hierarchische Unternehmensorganisation abzubauen. Es ist daher die Etablierung des „Lean Management" in Analogie zur „Lean Production" anzustreben. [55] Alle gennannten Ziele sind ohne die wirtschaftlichen Akteure vor Ort nicht zu realisieren. Als Hauptbeschäftigungsträger sind die KMU eines der wichtigsten Elemente innerhalb der Lernende Region. Sie zu mobilisieren heißt, das Potenzial ihrer Ideen und Wirtschaftskraft als Rückgrat der ökonomischen Entwicklung der Region zu nutzen.

---

[53] Vgl. GNAHS, D.(2002) S. 4   flexibel im Bezug auf schnelle Bedarfsausrichtung der Aus/Weiterbildung im Vergleich zu staatlich kontrollierten Institution des Schulsystems
[54] FRIEDRICHSDORFER BÜRO FÜR BILDUNGSPLANUNG[Hrsg](1994) S. 28
[55] Vgl. SCHEFF, J. (1999) o.S.

3.4 Merkmale

Nachdem in der Arbeit Ansätze, Definitionen und Ziele der Lernenden Region beschrieben wurden, wird der Blick nun konkret auf die Merkmale der Lernenden Region gerichtet. Welche Strukturen und Prozesse müssen vorzufinden sein, um von einer Lernenden Region zu sprechen, und was sind Indikatoren, an denen man eine Unterscheidung zu anderen Regionalentwicklungskonzepten vornehmen kann.

Abbildung 1: Merkmale Lernender Regionen
Gnahs/Sandau (2002) S.95

Die Merkmalsbeschreibung wird durch verschiedene Autoren sehr differenziert gehandhabt. Sie reicht von relativ unkonkreten Merkmalsbeschreibungen wie bei GNAHS/SANDER siehe Abb. 1, bis hin zu sehr differenzierten Betrachtungen wie bei MOULAERT / SEKIA. Bei erst genannten entsprechen die Merkmale eher einem grundsätzlichen Muster bzw. sollen den handelnden Akteuren als Denkanstoß dienen. Andere Merkmalsbeschreibungen, vor allem auf der Arbeit von FLORIDA basierend, stellen Merkmale bezüglich bestimmter Systeme in der Lernenden Region, denen der Massenproduktion gegenüber, die in ihren Ausführungen konkreter werden. Sie beziehen sich dabei auf Merkmalssysteme der Wettbewerbsfähigkeit, der Produktionsinfrastruktur, der Humankapital Infrastruktur, der materiellen und Kommunikationsinfrastruktur, der finanziellen Infrastruktur und ökonomischen Steuerungsmechanismen.[56] MOULAERT / SEKIA vergleichen sechs Modelle der netzwerk- und wissensbasierten Entwicklungskonzepte und stellen jeweils die Innovationen jedes Ansatzes auf verschiedenen Dimensionen dar. In diesem Kapitel soll deshalb ein möglichst umfassender Merkmalskatalog auf Grundlage der differenzierten Merkmalsbeschreibungen verschiedenen Autoren zusammengestellt werden, siehe dazu Tab. 4.

---

[56] Vgl. FLORIDA, R.L. (1995) S. 533 Tab. I

Tabelle 4: Merkmale Lernender Regionen[57]

Dimension/ System	Autoren	Merkmale
Grundlagen der Wettbewerbsfähigkeit	Koschatzky	• Nachhaltige Vorteile auf Basis von Wissensgenerierung und kontinuierlicher Verbesserung → Innovation
Produktionsinfrastruktur	Kiese	• Miteinander vernetzte Industrieunternehmen, Zulieferer Endnutzer und Dienstleister
	Koschatzky	• Unternehmensnetzwerke und Zuliefersysteme als Innovationsquelle • Wissen als Wertquelle • Synthese von Produktion und Innovation • Flexible Produktion
Humankapital Infrastruktur	Kiese	• Hoch qualifizierte Arbeiten (Knowlegde workers) • Angepasste Ausbildungseinrichtung • lebenslanges Lernen • Gruppenorientierung, Teambildung • Wissensintensive Unternehmen
	Koschatzky	• Ständige Verbesserung des Humankapitals • Kontinuierliche Aus und Weiterbildung
	Moulaert , Sekia	• Lernen durch Austausch mit Fokus auf Ökonomie und Soziokultur
Materielle und Kommunikationsinfra-struktur	Kiese	• Einbindung in weltweite Netze von Menschen, Informationen, Gütern und Dienstleistungen
	Koschatzky	• Globale Ausrichtung • Elektronischer Datenaustausch • Kommunikationsplattformen → Face to Face
Finanzielle Infrastruktur	Kiese	• Förderung von KMU Neugründungen und rasches Wachstum wissensbasierter Unternehmen
(Ökonomische) Steuerungsmechanismen	Kiese	• Wechselseitige Abhängigkeiten • Netzwerke dezentralisierter Entscheidungsprozesse • Kundenorientierung
	Koschatzky Scheff	• Flexible Regulierungsrahmen • Selbstorganisation, Selbststeuerung • Bottom up und Top down Prozesse
Netzwerk	Moulaert Sekia	• Reich an Verbindungen und Schnittstellen • Netzwerk durch ökonomische und soziale Interaktion gekennzeichnet • Durch Einzelperson gekennzeichnet

Die hier vorgestellten Merkmale stellen eine Auswahl dar und decken bei weitem nicht alle Dimensionen ab, dennoch erlauben sie einen charakteristischen Einblick in die Strukturen und Prozesse der Lernenden Region.

Auf der Grundannahme beruhend, dass im Zuge der Globalisierung ein vielseitiger Umbruch für Gesellschaft und Wirtschaft erfolgt ist, ergeben sich neue raumwirksame Prozesse. Gemeint sind damit Regionalisierungsprozesse, Vernetzungen sowie ein wachsender Stellenwert von Wissen und damit von Qualifizierungsmaßnahmen. Alle drei Prozesse nähren

---

[57] Tabelle auf Grundlage von FLORIDA, R.L. (1995) S.533 mit Ergänzungen und Übersetzungen aus KIESE, M.(2004) S.53; KOASCHATZKY,K.(2001) S.212; MOULAERT, F.;SEKIA,F.(2003) S.294; SCHEFF,J.(1999) S.48

den Ansatz der Lernenden Region und lassen das Wissen als entscheidenden neuen Produktionsfaktor in die Betrachtung wirtschaftlicher Entwicklung einfließen. Damit einhergehend ergeben sich neue Wettbewerbsgrundlagen, die das Wissen mit einbeziehen und es als Quelle wirtschaftlicher Entwicklung sehen. Das Wissen befähigt die Akteure, Innovationen zu schaffen und diese Fähigkeit ständig zu erweitern, um damit kumulative Prozesse der Wissensgenerierung einzuleiten.

Auf diese Bedürfnisse hat sich demnach auch die Produktionsinfrastruktur umzustellen. Vor- und rückgekoppelte Unternehmen sollen die Möglichkeit haben, auf Wissen zuzugreifen und gemeinsam an Lernprozessen teilzunehmen und ihr Wissen als Teilstück der Schaffung von Innovationen bereitzustellen. So argumentieren auch Kline und Rosenberg wenn sie postulieren, dass Innovationen nicht notwendiger Weise nur in FuE Abteilungen entstehen sondern auch aus Lieferantenbeziehungen[58]. Der Begriff der vertikalen Vernetzung bezeichnet damit die grundlegende Eigenschaft der neuen Produktionsinfrastruktur. Sowohl intra- als auch interorganisatorische Vernetzungen werden dazu genutzt kooperative Strukturen aufzubauen, Vertrauen zu schaffen, Unsicherheiten zu beseitigen und gemeinsame Interessen zu finden. Auch die Organisation von Weiterbildungsmaßnahmen entspringt dieser Vernetzung.[59] Die von FLORIDA genannte Synthese von Produktion und Innovation führt zum Schluss aber auch auf die horizontale Vernetzung zurück. Denn durch den Wegfall stark hierarchischer vertikaler Strukturen, die den Informationsfluss nur in eine Richtung ermöglichen, gelingt es Mitarbeiter am Arbeitsplatz durch erhöhte Verantwortung stärker in Entwicklungsprozesse mit einzubeziehen.[60] Schlussendlich ist mit all diesen Merkmalen die Grundlage dafür geschaffen, eine flexible Produktion im postfordistischen Sinne – economies of scope, flexible Arbeitsorganisation, Abbau von Hierarchieebene, steigende Anforderungen an Qualifikation etc.[61] - gewährleisten zu können.

Durch den erhöhten Stellenwert des Produktionsfaktors Wissen sind Unternehmen und deren Produktionsabläufe verstärkt durch das inhärente Wissen der Mitarbeiter determiniert.[62] Hochqualifizierte Arbeitskräfte sind die treibende und kreative Kraft der Lernende Region. Das bedeutet, dass das Ausbildungsniveau und die Qualifizierungsmaßnahmen innerhalb der Lernenden Region stark den Erfolg des Unternehmens beeinflussen können. Die Vernetzung von Bildungsträgern mit den KMU ist deshalb von großer Bedeutung und Merkmal der

---

[58] Vgl. MAIER,G;TÖDTLING,F.(2006) S.110 f.
[59] Vgl. SCHREIBER, R.; STAHL ,T.(2003) S. 68
[60] Vgl. ebenda, S.15
[61] Vgl. HEINEBERG, H.(2007) S.119
[62] Vgl. ebenda, S.15

Lernenden Region, um das Angebot von bedarfsgerechten Aus- und Weiterbildungsmaßnahmen realisieren zu können.

Die Vernetzung soll aber nicht dahingehend verstanden und determiniert sein, als das nur innerhalb der Region ein Austausch stattfindet. Vielmehr soll eine globale Ausrichtung der Vernetzung mit Hilfe von modernen Kommunikations- und Informationstechnologien erfolgen und die Lernende Region auszeichnen. Computergestützte Netzwerke ermöglichen dabei weltweiten Zugriff auf kodiertes Wissen und eröffnen Kommunikationsplattformen, um Wissen und Erfahrungen auch außerhalb der Region auszutauschen. Dieser Punkt stellt gleichzeitig das Leitbild der Lernenden Region in Frage, denn es finden, wie KOSCHATZKY zu Recht anmerkt, Lernprozesse auch mit Akteuren außerhalb der Region statt.[63] Außerhalb der bereits bestehenden Unternehmen zeichnet es die Lernende Region aus, dass den Akteuren auf Grundlage einer soliden Finanzierungspolitik die Möglichkeit von KMU-Neugründungen, vor allem mit Blick auf wissensintensive Branchen gegeben wird. Den privaten und öffentlichen Finanzgebern kommt somit eine wichtige Funktion bei, denn eines der Hemmnisse an denen Innovation und Neugründungen scheitern sind Finanzierungsprobleme.[64] Die Steuerung und Initiierung aller genannten Merkmale entspringt in Lernenden Region grundsätzlich der Eigeninitiative. Sozioökonomische Probleme einer Region werden dabei zunächst außerhalb von politischen Rahmenprogrammen von „unten heraus" zu lösen versucht und führen dabei zu neuen Organisationstrukturen zwischen Akteuren. Natürlich lässt sich das Konzept der Lernenden Region durch politische Entscheidungsträger ausnutzen, lässt sich aber auch sinnvoll erweitern, so dass sich die positiven Effekte des Bottom-Up- als auch des Top-Down-Ansatzes verbinden lassen.[65] Beachtung findet das Konzept der Lernenden Region nunmehr durch vielerlei politische Förderungsprogramme von Seiten der Länder, des Bundes und der EU. Im Kapitel fünf werden dazu zwei Lernende Region näher betrachtet.

3.5 Akteure

Die Lernende Region lebt von ihren Akteuren und von den Beziehungen die zwischen ihnen entstehen bzw. aufgebaut werden. Je besser sie vor Ort zusammenarbeiten, Informationen austauschen, reflektieren und dieses Wissen in neue Prozesse einbauen, desto größer ist die Chance eine prosperierende Region zu schaffen. Dazu hat jeder Akteur andere Aufgaben zu

---

[63] Vgl. KOSCHATZKY, K. (2001) S. 217
[64] Vgl. SCHREIBER,R.; STAHL, T. (2003) S. 103 f
[65] Vgl. dazu SCHEFF, J. (1999) S. 80 f

bewältigen, jedoch verfolgen dabei alle zumindest ein gemeinsames Ziel, die nachhaltige sozioökonomische Entwicklung. Die Verschiedenartigkeit dieser Akteure fasst die Tab. 5 zusammen.

Tabelle 5: Beispiele von Akteuren in der Lernenden Region[66]

	Beispiele
Private Akteure	• Privatpersonen • Arbeitnehmer • Ehrenamtliche Mitarbeiter
Private Organisationen	• Unternehmen vor allem in wissensintensiven verarbeitenden Gewerbe und Dienstleistungen • Forschungseinrichtungen • Verbände • Beratungs- Innovationszentren • Kreditinstitute
Öffentliche Organisation/Institution	• Schulen • Kammern • Fachhochschulen • Universitäten • Ämter der Wirtschaftsförderung • Stadt- und Regionalplanungsstellen

Durch die Implementierung des endogenen Entwicklungsansatzes stellt die Eigeninitiative und Selbstorganisation eine neue Form der Verantwortungsbereitschaft, die nicht nur für sich selbst sondern für die gesamte Region förderlich ist, dar. Kooperation und Engagement sind wichtige Eigenschaften, die die Akteure begleiten, um gemeinsam die Entwicklung voranzutreiben.[67]

4. Kritische Betrachtung und Spannungsfelder zwischen Anspruch und Wirklichkeit

So gut neue Ideen und neue Entwicklungskonzepte, Prozesse beschreiben oder auch Handlungsorientierung geben können, so hängt jedem dieser Ansätze auch Kritik an, da es aufgrund unterschiedlichster Rahmenbedingungen nie zur idealtypischen Beschreibung eines Entwicklungsprozesses kommen wird. Die Grundannahme, wie auch in den Definitionen beschrieben, basiert auf der Immobilität von Wissens, damit einer räumlichen Wissensbindung und quasi endemischen Lernprozessen, die als innovative Potentiale der

[66] Vgl. KOSCHATZKY, K. S. 214 vgl. auch FRIEDRICHSDORFER BÜRO FÜR BILDUNGSPLANUNG[Hrsg](1994) S.43
[67] Vgl. SCHEFF, J. (1999) S. 51

Region angesehen werden. Das heißt, dass die existierende und sich erweiternde Wissensbasis in relativ kleinen Netzwerken weiterentwickelt wird, dabei aber die Aufnahme von externem Wissen durch eingefahrene Routinen, ähnlich von Pfadabhängigkeiten, gleichzeitig erschwert und somit zum Hemmnis einer Lernenden Region werden kann.[68] Auch SCHEFF verweist darauf, dass die Regionalsierung und die Konzentration des Wissens nicht in einer „autarken" Region enden dürfen.[69] Entgegenzuwirken ist dieser Gefahr also nur mit einem interregionalen Austausch. Wissen kann in Form von Wissensspillovereffekte als Anreiz für Unternehmen dienen, indem es zur Generierung externer Ersparnisse auf Seiten der adoptierenden oder imitierenden Unternehmen kommt. Gleichzeitig führen Wissensspillover aber auch zu negativen Effekten, wenn der Wettbewerbsvorsprung (z.B. durch Innovation) eines Unternehmens gleicher Branche verloren geht, da die innovatorische Vorleistung und die damit verbundenen Innovationsvorsprünge durch das Imitationsverhalten der Mitbewerber verloren gehen. Damit wird innerhalb der Lernenden Region der Wettbewerb verschärft. Diese scheint der Kooperation jedoch hinderlich. Die Frage, die dadurch entsteht, lautet, in wie weit die Lernende Region Entwicklungsansätze für eine Region mit Unternehmen ähnlicher Branchen liefert. Insgesamt setzt die hohe Gewichtung des Wissens für Produktions- und Prozessinnovation eine Region mit besonders wissensintensiven Branchen voraus. Dadurch entstehen unzureichende Erklärungsansätze für die Entwicklung von Regionen, die Unternehmen mit Massenmarkt bedienenden Produkten aufweisen und sich hauptsächlich mit kodifiziertem Wissen[70] zufriedenstellen.[71] Weitere Kritik richtet sich gegen den sehr allgemein gehaltenen Begriff des „Lernens" innerhalb der Lernenden Region, der den Eindruck erweckt, dass alle am gleichen Lernprozess teilnehmen. So schreibt KOSCHATZKY: „Lernen ist kein homogener Prozess, sondern kann mit unterschiedlichen Zielsetzungen auf unterschiedlichen Wissens- und Qualifikationsebenen erfolgen"[72] Er drückt damit aus, dass die Lernprozesse in der Produktionsbuchhaltung andere sind als in der Produktion oder dem Vertrieb. Als Rückschluss ergibt sich daraus die Konsequenz, dass kollektive Lernprozesse nur unter Akteuren mit ähnlichen Problemlagen entstehen können. Er geht deshalb davon aus, dass der Entwicklungsansatz der Lernenden Region vor allem für Regionen mit in sich sektoraler und technologischer Ähnlichkeit Erklärungen und Ansätze liefert.[73] Auch die Bezeichnung der Region ist fraglich, denn wie schon eingangs dargestellt,

---

[68] Vgl. KOSCHATZKY, K. (2001) S. 216 f.
[69] Vgl. SCHEFF, J. (1999) S.143
[70] kodifiziertes Wissen = dokumentiertes und als Gemeingut zur Verfügung stehendes Wissen
[71] Vgl. KOSCHATZKY, K. (2001) S. 217
[72] Ebenda S. 217
[73] Vgl. KOSCHATZKY, K. (2001)S 217

existieren keine klar abgrenzbaren Regionsterritorien und zusätzlich sind die zentralen Aspekte, nämlich Wissen und Lernprozesse, schlecht messbar.[74] Damit entzieht sich dem Modell die empirische Überprüfbarkeit und stellt es daher insgesamt in Frage. Lediglich die Anzahl an Innovationen und Patenten scheint als direktes Maß Daten zu liefern. Wenn also dennoch positive Wirkungen von Lernprozessen, Kommunikation, Kooperation, Offenheit usw. angenommen werden, stellt sich die Frage, warum der Lernerfolg nicht noch größer gemacht werden kann, wenn sich alle Unternehmen zu einem großen kollektiven Unternehmen zusammenschließen[75], ähnlich den kollektivierten Betrieben der Planwirtschaft. Die Frage nach der Verlässlichkeit und dem Vertrauen von Kooperationspartnern wären nichtig und Transaktionskosten könnten verringert werden. Da diese Effekte in der Realität jedoch nicht anzufinden sind, kritisiert KOSCHATZKY das Konzept der Lernenden Region . Eine mögliche Antwort darauf könnte die Notwendigkeit des Konkurrenzstreben sein, welche Innovationen erst attraktiv macht. Demzufolge benötigen Unternehmen Konkurrenz und das wiederum steht im Widerspruch zum Leitbild der Lernenden Region. An dieser Stelle wird klar, dass das theoretische Konzept auf Grenzen stößt.

Die soeben vorgestellte Kritik richtet sich gegen den theoretischen Ansatz der Lernenden Region. Im Folgenden sollen deshalb praxisnahe Spannungsfelder näher betrachtet werden[76]. SCHEFF formuliert dazu sechs prägnante Spannungsfelder.

Tabelle 6: Spannungsfelder in der Lernenden Region[77]

- **Regionale Identität in einem gemeinsamen Europa**
- **Endogene Entwicklung als Verstärker regionaler Disparitäten**
- **Kooperative Entscheidungsstrukturen und fehlende demokratische Legitimation**
- **Akteursvielfalt versus selektive Partizipation**
- **Zeitlicher Erfolgsdruck versus nachhaltige Entwicklung**
- **Integrative Strategien und segmentierte Politiklinien**

Globalisierung und Regionalisierung sind zwei Begriffe die nicht unmittelbar miteinander in Verbindung gebracht werden, dennoch bedingen sie einander – think global, act local. Der Trend der Regionalisierung als Grundvoraussetzung für die Entstehung der Lernenden Region, birgt regionale Egoismen in sich. Diese sind zum einen der Lernenden Region, zum

---

[74] Vgl. KOSCHATZKY, K. (2001) S. 218
[75] Vgl. ebenda, S 219
[76] Grundlage der Untersuchung war die Lernende Region Graz im Vergleich zur theoretischen Konzeption der LR nach SCHEFF.
[77] Vgl. SCHEFF, J.(1999) S. 143 ff.

anderen aber auch den dort wirtschaftenden Akteuren nicht zum Vorteil.[78] Auf die nicht falsch zu verstehende Selbstständigkeit in Form der Autarkie wurde bereits hingewiesen. Um zu verhindern, dass wachstumsstarke Regionen zu Lasten wachstumsdynamisch schwächerer Regionen überdurchschnittlich wachsen, muss durch überregionale, z.B. durch die EU legitimierte, Institutionen[79] ein Ausgleich durch Förderungsmaßnahmen gewährleistet werden können, um so regionalen Egoismen entgegen zu wirken. Das zweite Spannungsfeld schließt sich dem ersten direkt an. Es ist festzustellen, dass Regionen aufgrund von guten Entwicklungsperspektiven und guten Ressourcen dazu in der Lage sind, bessere endogene Entwicklungsstrategien zu entwerfen und sich zu Lasten schwächerer Regionen überproportional zu entwickeln. Damit kann der Ansatz der Lernenden Region zu einer Verschärfung von interregionalen Disparitäten führen.[80]Ausgehend von den Kooperationsstrukturen, die unter anderem dazu dienen sollen, die Innovationsfähigkeit zu erhöhen, müssen aber auch bestimmte institutionelle Voraussetzungen dafür geschaffen sein. Gemeint sind damit etwa Institutionen technologischer Infrastruktur, die in manchen strukturschwachen Regionen nicht in dem benötigten Ausmaß existieren. Will heißen, dass nicht allein die Bereitschaft eine Lernende Region zu initiieren eine ausreichende Ressource darstellt, sondern dass auch gewisse institutionelle Voraussetzungen nötig sind.[81] Sind diese Voraussetzungen und Kooperationsbeziehungen vorhanden, so zeigte sich jedoch, dass diese Beziehungen nicht optimal genutzt wurden. Erst die institutionelle Verankerung von Kooperation, in Sinne einer zentralen Stelle für Kooperationanfragen, zeigte eine anfangs optimierte Nutzung. Gerade durch diese Verankerung entstanden mit der Zeit jedoch umständliche, starre und unflexible Strukturen, die der Kooperation abträglich waren.[82] Weiterhin bestehen Spannungen bei der Aufgabenverteilung innerhalb der Lernenden Region an private Gesellschaftsformen, so dass Formen des Egoismus und der Vorteilssuche dazu führen können, dass es zur „[...]Aushöhlung von Kompetenzen der demokratisch legitimierten Organe [...]"[83] kommen kann. Damit sind Nachteile einer demokratischen Aufgabenverteilung an private Interessenvertreter genannt - Vorteilssuche. Generell scheint es schwierig zu sein, Zugangsbarrieren soweit zu vermeiden, als dass wirklich alle Akteure die Möglichkeit besitzen, an Entscheidungsprozessen demokratisch teilzunehmen und damit Transparenz,

---

[78] Vgl. SCHEFF, J.(1999)S.143
[79] Vgl. ebenda S.143 f
[80] Vgl. ebenda S.144
[81] Vgl. SCHEFF, J. (1999) S. 144
[82] Vgl. ebenda S. 144
[83] Ebenda S. 145

Akzeptanz und letztlich eine Identifikation mit der Region hervorzubringen[84]. Somit wird es in der Lernenden Region, trotz des Anspruches der Integration aller Akteure, zu selektiven Inklusionen und Exklusionen kommen und die Teilhabe aller an der Region damit nur beschränkt zu realisieren sein. Die Lernende Region als Regionalentwicklungsansatz existiert nicht des Ansatzes wegen, sondern soll die sozioökonomische Entwicklung tatsächlich vorantreiben und ist damit auch gezwungen Erfolge vorzuweisen. Sei es auf der Ebene des Managements oder der der Politik bestehen in Lernenden Regionen Tendenzen dahingehend, dass Handlungsoptionen bevorzugt werden, die schnelle aber keine anhaltende Entwicklung mit sich ziehen. Damit wird der „Effekthascherei"[85], in Sinne von schnellen augenscheinlichen aber nicht anhaltenden Effekten, vortritt gewährt und steht damit den eigentlichen Gedanken und den Zielen der Lernenden Region, siehe dazu Kapitel 3.3, im Weg.

Schlussendlich wird festgehalten, dass trotz Kritik und vorhanden Spannungsfeldern der Ansatz der Lernenden Region den Akteuren dazu verhelfen kann egozentrierte Sichtweisen zu durchbrechen und Probleme in einer ganzheitlichen Sichtweise zu erschließen und zu lösen. Gerade wegen der vielen Kritikpunkte bietet es sich möglichweise an, die Merkmale der Lernenden Region soweit zu verallgemeinern, wie es GNAHS/SANDER (2002) S. 95 Abb. 7 getan haben, und damit Leitlinien zu verfassen, die in der Lage sind Empfehlungen auszusprechen und als Denkanstoß dienen. Dabei soll die eigene Region unter Berücksichtigung regionaler Dispositionen einen Ansatz entwickeln, der auf Grundlage der Leitlinien Spezifikationen enthält, so dass jeder Ansatz entsprechend in das vorhandene Umfeld eingepasst werden kann und damit entsprechende Entwicklungsmöglichkeiten generiert werden können.

5. Fallbeispiele

5.1 Die Lernende Region Graz[86]

Die Lernende Region Graz hatte im Zuge der Globalisierung und des EU-Beitritts im Jahre 1995 einen tiefgreifenden Wandel in der Wirtschaftsstruktur zu überwinden. Probleme der Suburbanisierung, der Arbeitslosigkeit und allgemein der fehlenden Wettbewerbsfähigkeit, mitunter durch fehlende Innovationskompetenz verursacht, führten zur Notwendigkeit eines

---

[84] Vgl. SCHEFF, J. (1999) S. 145
[85] Ebenda S.146
[86] Alle vergleichenden Aussagen im Kapitel 5 beziehen sich auf das Kapitel IV SCHEFF, J. (1999) S.95ff. andere Quellen, Zitate, Tabellen oder Abbildungen werden gesondert gekennzeichnet.

neuen Regionalentwicklungskonzeptes. Im Vergleich zu anderen Bundesländern weisen die Regionen Steiermark und Graz relativ schlechte ökonomische Wachstumsraten auf. Ungünstige Entwicklungsfaktoren bestehen in einer Vielzahl von Unternehmen der Low-tech-Branche und einer geringen Anzahl von Betrieben, die hohe Innovationskompetenzen aufweisen. Der hohe Anteil arbeitsloser Akademiker mit über 5% wird durch die zahlreichen Low tech Branchen hervorgerufen. Positive Entwicklungspotenziale gibt es in Form von Bildungs- und Forschungsstätten, einer Vielzahl an externen Know How Trägern, einer hohen technischen Infrastruktur und steigender Kooperationsbereitschaft.

5.1.1 Geographische Abgrenzung

Mit der Lernenden Region Graz wird der Blick nach Österreich gerichtet, genauer in das Bundesland Steiermark. Mit einer NW – SO Ausrichtung und einer Ausdehnung von rund 20 mal 50 km, fasst die Lernende Region Graz den Stadtbezirk sowie die politisch administrative Umgebung von Graz zusammen, siehe dazu Abb. 4: rot Stadtbezirk, gelb Graz Umgebung. Es werden dabei 57 Gemeinden und die Stadt Graz als

Abbildung 2: Geographische Einordnung der Lernenden Region Graz

Quelle: GIS Steiermark

Region zusammengefasst. Damit erreicht auch dieses Netzwerk einen überkommunalen Status und hat damit einen subnationalen Maßstab.

5.1.2 Aufgaben und Ziele

Für die Region Graz bestehen natürlich, wie schon im theoretischen Teil beschreiben die primären Ziele der Lernenden Region. Die konkreten Aufgaben des Konzeptes stützen sich auf die Analyse der im Raum liegenden Chancen und die Umsetzung bzw. Verwirklichung derer. Für die Lernende Region Graz bestehen folgende Chancen:

Tabelle 7: Aufgaben durch Umsetzung von Chancen[87]

- Förderung von Arbeitsplätzen im aufstrebenden Dienstleistungssektor
- Dynamische, attraktive Wohn -und Wirtschaftregion
- Starke – auch grenzübergreifende Positionierung des Raumes im Südosten
- Effiziente Ressourcennutzung (Humanressourcen, technische Ressourcen und Innovationpotential der KMU)
- Förderung von strategisch orientierten Kooperationen
- Förderung des Regionalmanagements
- KMU geprägte Wirtschaftsstruktur als Anknüpfungspunkt von Innovationsvorhaben
- Wettbewerbsfähige Zielregion für hochrangige Investoren

5.1.3 Initiierung und Verlauf des Konzeptes Lernende Region Graz

Durch das *Institut für Betriebswirtschaftslehre der öffentlichen Verwaltung und Verwaltungswirtschaft* der Karl Franz Universität in Graz wurde anhand von Umfragen und direktem Kontakt mit Akteuren vor Ort ein Handlungsbedarf im Sinne der wirtschaftlichen Entwicklung aufgedeckt. Dadurch wurden zugleich Interesse und Bereitschaft bezeugt, gemeinsam und unabhängig von politischen Entscheidungsträgern, Lösungswege für bestehende Probleme zu finden. Dazu wurde für die Region ein Evolutionsmodell entwickelt, welches Schrittweise zur Lernenden Region hinführen soll. Ausgehend *von Isolierten Ansätzen* in denen hauptsächlich erste Impulse gesetzt wurden, kam es anschließend zu koordinierten Ansätzen in denen, unter Berücksichtigung ökonomischer Interessen der Akteure, erste Netzwerkstrukturen entstanden. Im nächsten Schritt sind *kollaborative Ansätze* maßgeblich, in denen miteinander unter Betrachtung gemeinsamer Ziele gehandelt werden soll. In den *koordinierten Ansätzen* geht es um die Weiterentwicklung vorheriger Schritte und eine intensivere Zusammenarbeit bezogen auf verschiedene Ebenen, die dann im *integrierten koordiniertem Ansatz* enden soll und damit den Übergang zur Lernenden Region schaffen. Der Verlauf der Entwicklung der betrachteten Lernenden Region wurde aufgrund der Komplexität anhand der Branche des Anlagenbaus dargestellt. Aufgrund der breiten Wertschöpfungskette, einem verzweigten Zuliefersystem und hohem Konkurrenzdruck, bietet sich die Darstellung dieser Branche an. Beginnend mit ersten Netzwerktreffen und Einladungen in das Netzwerk fand ein erster Kontakt zur Findung von gemeinsamer Vorstellungen, Erwartungen, Haltungen und dem gewünschten Mehrwert eines solchen Netzwerkes statt. Damit war eine Systembildung möglich, mit der sich die Akteure

---

[87] Vgl. SCHEFF, J. (1999) S. 108

identifizieren konnten oder auch nicht. In dieser Phase ist es demnach von Bedeutung eine Basis der nachhaltigen Zusammenarbeit zu schaffen, um eine zukunftsfähige Entwicklung zu gewährleisten. Zu diesem Zeitpunkt fanden noch keine Kooperations- oder Lernprozesse statt, was gewissermaßen den Status der Netzwerkbildung darstellte.

Anschließend kommt es zu ersten koordinierten Ansätzen der Kooperation. Die Akteure versuchen gemeine Ziele zu definieren und konkrete Kooperationsfelder ausfindig zu machen. Es kommt zu ersten *selbstorganisierten* Kooperationsprozessen, die eine wichtige Grundlage der Lernenden Region darstellen. Diese selbstorganisierten Kooperationsprozesse können sich sehr verschieden gestalten, SCHEFF unterschiedet dabei in der Kooperationsintensität, in der Anzahl der Kooperationspartner und den Kooperationsfeldern. Es wird deutlich, dass es damit eine Vielzahl an möglichen Kooperationsstrukturen, gibt in denen sich jeder einzelne Akteur individuell wiederfinden kann. In der Region war dabei zu erkennen, dass sich Kernteams enger Kooperation bildeten, die durch eine Institutionalisierung (Bildung einer Netzwerk GmbH - ICON) gekennzeichnet waren. Erweiterte Teams, die das Kernteam beispielsweise beliefern, stehen auch in Kooperationsbeziehungen. Diese Vernetzung ist nicht so intensiv wie im Kernteam, enthält dafür aber wesentlich mehr Akteure. Diese Unternehmen des erweiterten Teams haben wieder Kooperationsbeziehungen zu anderen Unternehmen, die dann als assoziierte Partner bezeichnet werden. Kennzeichnend ist dabei eine abnehmende Kooperationsintensität zum Kernteam. Die Phase der koordinierten Ansätze wird durch die KMU intensiver und dynamischer genutzt als dies auf der sozial-öffentlichen Ebene der Fall ist.

Die Phase der Kollaboration wird durch die vielfältige Aufgabenstellung im Netzwerk vorangetrieben. Gemeint sind hiermit Entwicklung von Kernkompetenzen, Rollenverteilung, gemeinsame Vermarktung, Produktinnovation usw.. Dadurch war es dem Netzwerk möglich, die Handlungsfähigkeit zu steigern und gleichzeitig Wissen zu generieren. Insgesamt zeigte sich, dass die Bündelung gemeinsamer Ressourcen mehr Umweltveränderungen, im Sinne etwas zu schaffen, zuließ, als es der einzelne Akteur in der Lage gewesen wäre. Auf regionaler Ebene wurde bei weitem nicht die gleiche Kooperationsform initiiert. Weitestgehend war den Akteuren die Eigenverantwortlichkeit für das Netzwerk nicht bewusst, so dass keine Selbstständigkeit entstand.

In der Ebene des kooperierenden Ansatzes des Evolutionsmodells wurde den KMU die Bedeutung der regionalen Vernetzung immer deutlicher. Es reifte die Erkenntnis heran, dass Markterfolg keine einzelbetriebliche Ursache hatte sondern dieser aufgrund von vielfältigen Beziehungen in der Region besteht. Aufgrund der neuen Perspektive war es dann möglich auch bisher nicht erreichte Ziele durch gemeinsame Bestrebungen in Angriff zu nehmen und damit das Netzwerk um eine qualitative Komponente sukzessiv zu erweitern. Die starke Einbindung neuer Netzwerkpartner, Evaluationen, Prozessreflexion, und die Initiierung von Lernprozessen, sichern dabei die kooperative Qualitätserweiterung des Netzwerkes.

In der letzten Phase des integrierten kopierenden Ansatzes sollen nun die verschiedenen Ebenen, diese die auch außerhalb des Anlagenbaus liegen, zusammengeführt werden. Es soll dabei die eindimensionale Sichtweise von Problemstellungen vermieden werden und zu einem ganzheitlichen koevolutiven Prozess kommen, der die Akteure in der Region dazu befähigt eine sozioökonomische Entwicklung voranzutreiben.

5.1.4 Vergleich zwischen Theorie und Praxis

Das vorgestellte Beispiel zeigt durchaus Gemeinsamkeiten mit denen im theoretischen Teil vorgestellten Definitionen, Aufgaben und Merkmalen der Lernenden Region. Das betrifft vor allem Lernprozesse, Steigerung der Wettbewerbsfähigkeit und der Innovationsfähigkeit. Allerdings lassen sich auch viele Punkte ausmachen, die nicht idealtypisch für Lernende Regionen sind. Eine idealtypische Bottom Up Initiative fehlt von Anfang an. Sie wird zwar später integriert aber stellt nicht den Start des Programms dar. Desweiteren ist die Integration und die Bedeutung von Bildungsträgern, gerade in einem solch praktischen Beispiel, nicht ausreichend erläutert wurden. Das mag zum einem daran liegen, dass eben nur ein Teilprojekt aus der Lernenden Region Graz beispielgebend projiziert war, zum anderen die Begriffe, unter denen es verkauft wird, nicht einheitlich definiert sind. SCHEFF betrachtet den Begriff der Lernenden Region in seinen Ausführungen unter einem sehr ökonomischen Aspekt und vernachlässigt die soziale Komponente zusehends. Das vorgestellte Beispiel erinnert eher an interbetriebliche Organisationsverbesserung, weil es im konkreten Beispiel explizit darum ging Auslastungsschwankungen durch geeignete Mitarbeiterpools auszugleichen, Spannungsfelder in der innerbetrieblichen Organisation aufzudecken und die Wettbewerbsfähigkeit zu verbessern. Lernprozesse sind dort auch integriert, allerdings fehlt hier der Bogen zur Region.

Im nächsten Fallbeispiel werden nun Aspekte der Bildungs- und Qualifizierungsmaßnahmen mehr beleuchtet, um einen Eindruck zu bekommen welche Aspekte zusätzliche in die Betrachtung einer Lernenden Region einfließen können.

5.2 Lernende Region MIA – Mitteldeutsche Industrieregion im Aufbruch[88]

Die Notwendigkeit die Wirtschaft zu einem nachhaltigen Wachstum zu treiben, ist in kaum einer anderen Region Deutschlands so essentiell wie in Sachsen Anhalt. Helfen soll dabei ein Förderprogramm der EU – Europäischer Sozialfond - mit Unterstützung des Bundesministeriums für Bildung und Forschung. An dem Programm „Lernende Region – Förderung von Netzwerken" des BMBF beteiligten sich etwas mehr als 70 Regionen in Deutschland. Im Folgenden wird beispielgebend die Region MIA herausgegriffen und das praktische Konzept vorgestellt.

5.2.1 Geographische Abgrenzung

Wie bereits in der Theorie beschrieben, hält sich die Lernende Region nicht an administrative oder geographische Abgrenzungen sondern stellt sich als eine räumlich völlig anders gliederte Einheit dar. Das Netzwerk besteht aus 33 Netzwerkpartnern, die räumlich durch die Städte Naumburg – Halle – Wolfen – Bitterfeld – und Zeitz im südlichen Teil Sachsen Anhalts eine Einheit bilden. Sie hat damit eine räumliche Überschneidung mit der Lernenden Region „Südliches Sachsen Anhalt", jedoch sind die Netzwerkpartner verschieden. Die Lernende Region umfasst hierbei ein Territorium subnationalen Ausmaßes, geht dabei über die Gebietskörperschaften von Kommune und Landkreis hinweg, verbleibt aber innerhalb des Bundeslandes. Die Lernende Region MIA stellt dabei eine von fünf geförderten Projekten im Bundeslands Sachsen Anhalt dar. Weitere Projekte sind die Lernende Region Südliches Sachsen Anhalt, VerA, AGORA und die Lernende Region Wernigerode.[89]

Abbildung 3: Geographische Einordnung der Lernenden Region MIA

Quelle: Eigene Darstellung nach Landesbildarchiv des LISA Halle; http://www.landesbildarchiv.bildung-lsa.de/s/sachsen-anhalt/karte-stumm-sw.htm

---

[88] Alle vergleichenden Aussagen im Kapitel 5.2 beziehen sich auf QUALIFIZIERUNGSFÖRDERWERK CHEMIE GMBH [Hrsg](2006) andere Quellen, Zitate, Tabellen oder Abbildungen werden gesondert gekennzeichnet.

[89] Vgl. dazu Kurzporträts CONTZEN, B; GNAHS,D;TÖNNISSEN,F (2004) S.59 ff

5.2.2 Aufgaben und Ziele

Ziel der Initiatoren um MIA war die Etablierung nachhaltiger Netzwerkstrukturen, um der Region auch über den Förderungszeitraum von 2000 bis 2006 hinaus die Möglichkeit wissensbasierter Regionalentwicklung gewährleisten zu können. Neben der Schaffung eines funktionierenden Netzwerkes entstanden sieben Teilprojekte, die unter Mitwirkung der einzelnen Knotenpunkte, in den Städten Zeitz, Merseburg Weißenfels und Bitterfeld, die Umsetzung der Teilprojekte gewährleisten sollten. Die Projekte befassen sich inhaltlich mit der

Tabelle 8: Aufgaben der Lernenden Region MIA[90]

- **Sicherung von Erfahrungswissen älterer Menschen**
- **E-Hospital e-laerning für Kinder im KKH**
- **Verbundausbildung Zeitz**
- **English for Kids – Konzepte für Kindergarten**
- **Berufswahlorientierung - Praxisorientierte Wahlhilfen**
- **Schulverweigerer**

Vor dem Hintergrund der Förderung durch das BMBF wird erstens verdeutlicht, dass das Konzept der Lernenden Region mit Bildung eng im Zusammenhang steht, der Faktor Wissen demnach als essentielle Quelle angesehen wird und zweitens ist zu erkennen, dass die Förderungsmaßnahmen verstärkt im Weiter-, Aus- und Bildungsbereich liegen. Bereits hier stellt sich die Frage, ob dies ein ausreichendes Instrumentarium zur Förderung der sozioökonomischen Regionalentwicklung darstellt. Unternehmensberatung sowie finanzielle Starthilfen neuer Unternehmen sind nicht aufgeführt. Mit dem Optimieren der Bildungsinfrastruktur und Errichten von Kommunikationsplattformen, will die Lernende Region damit den Grundstein für eine nachhaltige Entwicklungsperspektive im südlichen Sachsen Anhalt legen. Allerdings bleibt fraglich in wie weit die skizzierten Projekte neben ihrem symbolträchtigen Wert eine Lernende Region, im Sinne bereits skizzierter Theorie, erzeugen können, und in wie weit KMU von diesem Projekt profitieren. Um im Kapitel 5.2.3 die Umsetzung bzw. die Ergebnisse auswerten zu können, sollen noch knapp die Aufgabenstellungen der Projekte erläutert werden.

---

[90] Vgl. www.mia-projekt.de

Wie auch in der Theorie beschrieben, so stellt nicht nur die Vermittlung theoretischen Wissens eine Grundlage für wissensbasierte Anwendungen sondern auch tacit Knowledge, welches die Mitarbeiter am Arbeitsplatz erwerben, eine wichtige Quelle innovativen Wirtschaftens dar. Die Sicherung dieses Wissen war Grundlage des Teilprojektes. Unter Betrachtung der demographischen Situation im landwirtschaftlichen Sektor wird es in naher Zukunft dazu kommen, dass ältere Mitarbeiter in großer Anzahl die Betriebe verlassen und damit das nicht kodierte Wissen den Betrieben entzogen wird.

e-Hospital

Mit diesem Teilprojekt wird mit Kindern, die aufgrund stationärer Behandlung im Krankenhaus oder der Reha nicht am regulären Schulunterricht teilnehmen können, ein Lehr - und Lernsystem erprobt, das eine flexible und mobile Alternative zu bisherigen Bildungsangeboten darstellen soll. Es geht hier vor allem darum die pädagogische und wirtschaftliche Effizienz des Systems zu optimieren, um es dann generell allen Akteuren zur Weiterbildung zugänglich machen zu können. Mit diesem Teilprojekt sollen demnach flexible und attraktive Lernangebote geschaffen werden.

Verbundausbildung Zeitz

Das Teilprojekt der Verbundausbildung hat eine ganzheitliche, nicht segmentierte Ausbildung zum Ziel. Es sollen dabei neben „ausbildungsbegleitenden und ausbildungsergänzenden Maßnahmen"[91] den Lernenden die Möglichkeit gegeben werden Bildungslücken zu schließen, um den Ausbildungsabschluss sicher erreichen zu können. Damit soll die Integration Benachteiligter durch Sozialisation im Lern - und Arbeitsumfeld ermöglicht werden.

English for Kids

Mit diesem Projekt wird Kindern im Vorschul- und Grundschulalter die Möglichkeit gegeben die frühe sprachlichen und damit gesamtgeistige Entwicklung voranzutreiben gegeben. Ebenfalls können sich daran Eltern und Erzieher beteiligen.

Berufswahlorientierung

Das Teilprojekt dient dazu den hohen Anteil an nicht motivierten Lernenden und den hohen Zahlen der Ausbildungsabbrüche entgegenzuwirken. Zentrale Stellen sollen dazu eingerichtet

---

[91] QUALIFIZIERUNGSFÖRDERWERK CHEMIE GMBH [Hrsg.](2006) S. 7

werden Praktika oder Besuche in den Firmen zu erlauben um sich vor Ort ein umfassendes Berufsbild machen zu können. Den Unternehmen wird dabei die Möglichkeit eingeräumt Anforderungen und Chancen zu formulieren die als Hilfestellung zur Berufswahl dienen sollen.

Schulverweigerer

Das Projekt soll dazu dienen Schulverweigerern wieder die Lernbereitschaft nahe zu bringen, dabei sind besonders praxisnahe Bildung und sozialpädagogischer Input entscheidende Faktoren. Die Integration auch schwieriger Fälle in den Arbeitsmarkt soll damit gewährleistet werden.

Es wird anhand der vorgestellten Projekte sehr deutlich ,dass die Definition der Lernenden Region, wie sie in der wirtschaftlichen Theorie beschreiben wurde, hier eher in den sozialen Bereich hinein diffundiert. Aufgrund der thematischen Ausrichtung, unter der diese Belegarbeit entsteht, können lediglich die Umsetzung der Punkte hinsichtlich der Sicherung des Erfahrungswissens und der Verbundausbildung als annähernd Äquivalent zum theoretischen Bezug betrachtet werden. Dennoch zeigen hier vor allem, die Teilprojekte im Gegensatz zum ersten Fallbeispiel, welche Bedeutung Qualifizierungsmaßnahmen neben der Optimierung von Organisationsabläufen besitzen.

5.2.3 Ergebnisse

Mit Hilfe des Projektträgers QFC, Qualifizierungsförderwerk Chemie GmbH, und dessen Koordination, gelang es im Laufe von 2001 bis 2006 die vorgestellten Teilprojekte zu initiieren und über mehrere Phasen hinweg umzusetzen. Die Staffelung der Phasen gliederte sich in jeweils zwei Jahre, beginnend mit einer Planungsphase und wurde durch zwei weitere Durchführungsphasen ergänzt in denen schrittweise die Fördermittel von 100% auf 60% gekürzt wurden, um ein Netzwerk nach den Förderungsmaßnahmen durch eigenerhaltende Organisation aufrecht erhalten zu können. Das Ergebnis der Teilprojekte bzw. der Lernenden Region sieht im Schlussbericht wie folgt aus.

Durch die Konservierung von Erfahrungswissen, welches über vielfältige Schritte der Analyse und Dokumentation erreicht wurde, gelang es insgesamt die Handlungskompetenz von Unternehmen zu steigern und die Entwicklung neuer Produkte voranzutreiben. Wichtig war dabei die Herausbildung eines Bewusstseins für Lernprozesse und Kompetenzentwicklung innerhalb des Unternehmens. Insgesamt konnte durch die

Maßnahmen eine Verbesserung der Wettbewerbsfähigkeit der mitwirkenden Unternehmen festgestellt werden.[92]

Ergebnisse, die im zweiten Teilprojekt e-learning festzustellen waren, sind, dass das System während der Förderungsphase entwickelt und durch vielfältige Lernprozesse sinnvoll erweitert werden konnte. So dass heute ein System zur Verfügung steht, welches pädagogisch als auch methodisch eine gute Alternative zum bisherigen Unterricht bietet. Jedoch muss sich zum einen die Einstellung gegenüber solch computerbasierender Lehr- und Lernmittel in den Köpfen der Akteure ändern und zum anderen zeigt sich, dass das System nach der Förderungsphase keinen Bestand hat und somit der Wissensvorsprung in der Organisation und im Aufbau dieses Lernsystems im Leeren versiegt. [93]

Das Teilprojekt der Berufswahlorientierung erzielte dahingehend positive Ergebnisse, als das keine der involvierten Unternehmen Ausbildungsabbrüche der Auszubildenden zu beobachten hatte. Dabei waren die Leistungen der Auszubildenden durchweg höher als im sonstigen Schnitt, was damit für ein qualitativ hochwertiges Berufsbildungskonzept spricht.[94]

Im Projekt English for Kids haben sich vielfältig pädagogisch psychologische Entwicklungsziele erreichen lassen. Wichtigstes Ziel dabei war, die Neugier der Kinder zu befriedigen und eine allgemeine Motivation für lebenslanges Lernen hervorzurufen.[95]

Der Erfolg des Teilprojekts Berufswahlorientierung führte zur Herausbildung von Netzwerken zwischen allgemeinbildenden Schulen und Berufsbildenden Schulen sowie zu engen Kontakten mit Unternehmen, um eine Transparenz zwischen Anforderungen und Chancen geben zu können. Damit ist eine bessere Entscheidungsgrundlage für Auszubildende und ihren beruflichen Werdegang gegeben. Die bestehenden Netzwerkverbindungen dienen dazu, gegenseitige Lernprozesse der Organisation zu gewährleisten.[96]

Bis zu diesem Punkt ist zu erkennen, dass die Mehrzahl der Teilprojekte einen bildungspolitisch – integrativen Ansatz verfolgen. Gleiche Ansätze finden sich auch im Teilprojekt Schulverweigerer. Eine weitere Betrachtung der Ergebnisse aus wirtschaftlicher Perspektive scheint deshalb irrelevant.

---

[92] Vgl. QUALIFIZIERUNGSFÖRDERWERK CHEMIE GMBH [Hrsg](2006) S. 57
[93] Vgl. ebenda S. 59
[94] Vgl. ebenda S. 59 f.
[95] Vgl. ebenda S. 60
[96] Vgl. ebenda S. 61

Das vorgestellte grob umrissene Beispiel der Lernenden Region MIA, steht im krassen Gegensatz zu der beschriebenen Theorie im Kapitel drei. Beim Versuch Gemeinsamkeiten zu entdecken kann auf Lernprozesse bezug genommen werden, die jedoch mehr intraakteursspezifisch sind und eher dem Individuum durch bspw. frühkindliche Sprachbildung, der Berufswahlorientierung und der Verbundausbildung dienen. Es scheint demnach ein Definitionsproblem zu sein, wer in der Lernenden Region lernt. Laut des vorangestellten theoretischen Teils geht es mehr um Lernprozesse die auch externe Effekte für Dritte verursachen und damit einen gemeinschaftlichen Lernprozess vor allem für Unternehmen und deren Mitarbeiter hervorrufen, also ein interakteursspezifischer Lernprozess. Damit sind selbst diese Lernprozesse höchst verschieden zu interpretieren. Desweiteren wird in der Theorie von meist wissensintensiven Unternehmen gesprochen, die hochqualifizierte Arbeitskräfte benötigen. Im vorgestellten Fallbespiel wird der Eindruck erweckt es handele sich vorrangig um die bildungspolitische Integration von Problemfällen. Wirtschaftliche Beziehungen vor -und nachgelagerter Unternehmen und deren horizontale Netzwerke, als Grundlage für Lernprozesse zwischen ihnen, finden in diesem Konzept keine Anwendung. Vor dem Hintergrund des Fördermittelgebers BMBF, scheint zum Teil klar, wieso das Gewicht der Teilprojekte so stark in Richtung Bildung und Übergangskonzepten der Ausbildung gerichtet ist. Es bleibt zu hinterfragen in wie weit die so bezeichnete Lernende Region „Mitteldeutsche Industrieregion im Aufbruch" die Bezeichnung, so wie er eingangs definiert wurde, zusteht. Dazu werden im folgenden Kapitel nochmals kritische Anmerkungen mit einbezogen, die die Reflexion der Lernenden Region vervollständigen sollen.

6. Fazit

Rückblickend auf die Thematik ist festzuhalten, dass der Ansatz der Lernenden Region auch wirklich als Ansatz verstanden werden muss, da er sich nicht als eigenständig theoretisches Gebäude verstehen kann. Vielmehr ist die Lernende Region ein heuristisches Konzept das zur Mobilisierung endogener Potentiale aufruft und. Die Definition sowie auch die Umsetzung der Ziele und Merkmale scheinen höchst komplex und nur diversifiziert möglich. So dass dieser Ansatz neben vielen anderen ähnlichen Ansätzen versucht Prozesse zu erklären und Handlungsoptionen zu geben aus einer jeweils leicht veränderten Perspektive.

Festzuhalten bleibt jedoch auch, dass im Zeitalter der Globalisierung und des Wandels von der Industrie - zur Wissensgesellschaft, endogene Entwicklungspotentiale und paradoxer Weise die Region von besonderer Bedeutung sind. Dieser Entwicklung von innen heraus - endogen- beschreibt der Ansatz der Lernende Region, der eben auf der Grundlage eigeninitiierter Wissenstransferleistungen und Lernprozessen zur Entwicklung der Region beiträgt. Dabei darf nicht die Gesamtheit des Ansatzes vergessen werden. Es geht vor allem um sozioökonomische Entwicklungen, die sowohl ökonomische Aspekte beinhalten muss als auch in Bereichen des sozio – kulturellen hinein reichen sollte um z.B. im Bildungsbereich, der Werteeinstellung oder der Lernkultur eine Verbesserung bzw. eine Entwicklung voranzutreiben. So scheinen alle tatsächlichen Bemühungen vor Ort, die jeweils nur einen Aspekt des Ansatzes herausgreifen als unzureichend, wie in den Fallbeispielen zu sehen war. Gerade aus den vagen Beschreibungen eines solches Ansatzes heraus entstehen Interpretationsspielräume. Da keine festgeschriebenen Handlungspfade vorhanden sind müssen sich Projektträger erst einmal Gedanken darüber machen, siehe MIA, wie die Lernende Region gestaltet werden soll. Der Effekte der sich im Ergebnis einer Lernenden Region präsentiert scheint nicht immer eindeutig und so kommt es, dass die vorgestellten Lernenden Regionen völlig andere Profile kennzeichnen und beide keine ganzheitlichen Ansätze darstellen.

Dennoch bleibt zu hoffen, dass der Ansatz in naher Zukunft weiterhin Anklang findet denn zentrale Begriffe der Lernende Region wie „Lernen, Kooperation, Innovation, Wissen [und] Selbstorganisation werden durchweg mit positiven Grundwerten in Verbindung gebracht"[97]. Weiterhin schreibt SCHEFF, dass der Wechsel einer egozentrierten Wirtschaftsweise hin zu regionalerzentrierter Interessenvertretung ein guter Schritt sei, um innovatives Potential hervorzurufen. Der Prozesscharakter und die Auseinandersetzung mit gemeinschaftlichen Problemen, die eine Vielzahl von Akteuren betrifft, wird in Zukunft eine wichtige Komponente in der Regionalentwicklung darstellen.[98] Als Schlussbemerkung bleibt festzuhalten, dass die Kritik der Lernenden Regionen weniger im theoretischen Ansatz, als viel mehr in der praktischen Umsetzung zu finden ist, denn an dieser Stelle entscheidet sich ob die oftmals blumig wirkende Schlagwörter und Konzepte der Realität standhalten.

---

[97] SCHEFF, J. (1999) S. 148
[98] Vgl. ebenda S. 148

7. Quellen und Literaturverzeichnis

- Bathelt, H.;Glückler,J. (2002): Wirtschaftsgeographie – Ökonomische Beziehungen in räumlicher Perspektive. Verlag Eugen Ulmer, Stuttgart

- CONTZEN, B; GNAHS,D;TÖNNISSEN,F (2004): Lernende Regionen – Förderung von Netzwerken. BMBF. Berlin, Bonn.

- FLORIDA, R.L. (1995): Toward the learning region, in: Futures Band 27 Ausgabe 5 S.527-536.

- FRIEDRICHSDORFER BÜRO FÜR BILDUNGSPLANUNG[Hrsg](1994): Lernende Region; Kooperation zur Verbindung von Bildung und Beschäftigung in Europa. Schubert Druck. Berlin.

- GNAHS, D.; SANDAU, E (2002): Peine als Lernende Region; Qualifikationsangebote und bedarfe. Institut für Entwicklungsplanung und Strukturforschung GmbH an der Universität Hannover. http://www2.viel-wissen.de/pdf/cd/hf_im/pdf/studie_ies_komplett.pdf (04.10.2009)

- HEINEBERG, H. (2007): Einführung in die Anthropogeographie/Humangeographie 3. Auflage. Schönigh Verlag. Paderborn.

- INSTITUT FÜR MITTELSTANDSFORSCHUNG BONN[Hrsg.](2007): Ausgewählte Daten zu FuE und Innovationsaktivitäten nach der Unternehmensgröße http://www.ifm-bonn.org/assets/documents/Tabellen-FuE.pdf (10.10. 2009)

- KFW BANKENGRUPPE [Hrsg.] (2009): Mittelstandsmonitor 2009; Deutsche Wirtschaft in der Rezession-Talfahrt auch im Mittelstand. Frankfurt am Main. http://www.ifm-bonn.org/assets/documents/mimo-2009.pdf (02.10.09)

- KOSCHATZKY, K. (2001): Räumliche Aspekte im Innovationsprozess; Ein Beitrag zur neuen Wirtschaftsgeographie aus Sicht der regionalen Innovationsforschung Bd19.LIT Verlag. Münster.

- Kulke, E(2004): Wirtschaftsgeographie. Schönigh Verlag. Paderborn.

- MAIER, G.; TÖDTLING, F. (2006): Regional- und Stadtökonomik 2, Regionalentwicklung und Regionalpolitik, 3. Auflage. Springer Verlag. Wien.

- MOULAERT, F; SEKIA, F (2003): Territorial Innovation Models: A Critical Survey in: Regional Studies; Band37 Ausgabe 3 S.289-302

- QUALIFIZIERUNGSFÖRDERWERK CHEMIE GMBH [Hrsg](2006): Schlussbericht zum Projekt MIA Mitteldeutsche Industrieregion im Aufbruch – Lernende Region Sachsen Anhalt; http://www.mia-projekt.de/downloads/dl20061004_Schlussbericht-MIA-2.DF-01NA0409.pdf (15.10. 2009)

- SCHAMP, E (2007): Zur Diskussion gestellt; Denkstile in der deutschen Wirtschaftsgeographie; Aktuelle Umbrüche seit 1970 in: Zeitschrift für Wirtschaftsgeographie 51 (3-4) S.238-252

- SCHÄTZL, L. (2003): Wirtschaftsgeographie 1 Theorie, 9. Auflage. Ferdinand Schöningh Verlag. Paderborn.

- SCHEFF, J. [Hrsg.] (1999): Lernende Region; Regionale Netzwerke als Antwort auf globale Herausforderung. Linde Verlag. Wien.

- SCHREIBER, R.; STAHL, T. (2003):Regionale Netzwerke als Innovationsquelle; Das Konzept der >>Lernenden Region<< in Europa. Campus Verlag. Frankfurt, New York.

- STIFTERVERBAND FÜR DIE DEUTSCHE WIRTSCHAFT[Hrsg.](2007):FuE Datenreport 2007; Tabellen und Daten. Essen. http://www.stifterverband.org/statistik_und_analysen/publikationen/fue _datenreport/fue_datenreport_2007.pdf (11.10. 2009)